JN121466

目　次

どんな災害が起きているか ··· 2

なぜ、災害が起きるのか ·· 3

安全衛生の基本

1. ミーティングで1日が始まる ···························· 4

2. 4Sは仕事の基本　安全衛生の基本 ················ 5

3. 清潔・安全がキーワード ······························· 6

4. 作業の前に安全点検 ································· 7

5. 危険予知訓練（KYT）をしよう ···················· 8

6. 報告・連絡・相談 ··································· 10

7. ヒヤリ・ハットを報告しよう ····················· 11

安全作業の基本

1. 作業手順を守ろう ·································· 12

2. 安全装置・防護設備を無効にしない ············· 13

3. 安全な運搬 ······································· 14

4. トラブルが起きたら絶対に不用意に手を出さない ··· 15

5. メンタルヘルスケアを進めよう ··················· 16

6. 生活習慣病を予防しよう ························· 17

リスクアセスメントで安全衛生を進めよう ····· 18

どんな災害が起きているか

令和3年に食料品製造業で被災した休業4日以上の死傷者8,890人について事故の型別に分類すると、「転倒災害」と「はさまれ・巻き込まれ災害」で、ほぼ半数を占め、次いで「切れ・こすれ災害」が多くなっています。

また、食品加工用機械による休業4日以上の死傷者数は、①小売業・飲食店等を含めた全産業で、年間1,500人以上となっており、②身体部位の切断や挫滅（つぶれること）により身体に障害が残る可能性のある災害が多く発生しています。

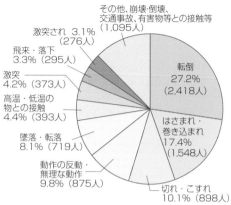

その他、崩壊・倒壊、交通事故、有害物等との接触等（1,095人）
激突され 3.1%（276人）
飛来・落下 3.3%（295人）
激突 4.2%（373人）
高温・低温の物との接触 4.4%（393人）
墜落・転落 8.1%（719人）
動作の反動・無理な動作 9.8%（875人）
転倒 27.2%（2,418人）
はさまれ・巻き込まれ 17.4%（1,548人）
切れ・こすれ 10.1%（898人）

（厚生労働省「労働者死傷病報告」（令和3年）より）

事故の型別労働災害発生状況（食料品製造業）

①転倒災害の例
- 厨房で材料を運んでいて、床に落ちていた残菜を踏み、滑って転倒した。
- 調理器具を洗い終わり、移動しようとしたところ、床に水がこぼれていて滑って転倒した。

②はさまれ・巻き込まれ災害の例
- 自動おにぎり成形機の調子が悪くなったので、開口部より手を入れ、回転していたプレートに指をはさまれた。
- 和菓子のこねまぜ機に落とした練りべらを拾い上げようとして、指を巻き込まれた。

③切れ・こすれ災害の例
- カッターナイフで荷物の梱包を開けようとしたときに、声をかけてきた上司に気をとられて、ナイフの刃で指を切った。
- コンベヤーから流れてくる菓子を入れた袋を1袋ずつカッターで切断する工程で、カッターの調子が悪くなったので、つい運転したまま作動部分に手を入れ、カッターで指を切断した。

なぜ、災害が起きるのか

みなさんの職場に災害に結びつくような危険がないか見回してみましょう。

コンベヤー、ロール機、ミンチ機など原材料を加工する機械、スライサー、刃物、高熱の材料など、どれも取扱い方によっては災害となるさまざまな危険（リスク）が存在しています。

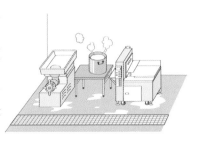

また、みなさんの作業行動を振り返ってみましょう。

機械や製品にごみがついていたり、材料が詰まったりすると、危険であるとわかっていながら、つい手を出して取り除いたり、動いている機械に触れてしまう……、日常こんな行動をしていませんか。

どの職場にも何らかの危険が存在します。また、人間誰しもつい危ない行動をしてしまうことがあります。災害は、このような設備機械や職場の不安全な状態と作業者の不安全な行動が組み合わさって起きています。

災害を防ぐために、安全衛生の基本とルールを学び、職場から不安全な状態や不安全な行動をなくしていきましょう。

安全衛生の基本

1. ミーティングで1日が始まる

　朝のミーティングは、作業内容の確認や作業指示、安全に関する注意事項の伝達など、仕事をスムーズに安全に進める上で大変重要です。短時間でも、必ず職場の全員で行いましょう。

◆ みんなが主役のミーティング

- 前日の作業で気にかかったこと、ヒヤリ・ハット体験などを出し合い、情報の共有化を図りましょう。
- 全員が積極的に発言するようにしましょう。
- 作業指示などでわからないことは質問をして納得のいくようにしましょう。
- 作業の前に、どんな危険があるか考え、対策を話し合いましょう。

◆ 健康状態を確認

　体調が悪いと「うっかり・ぼんやり」ミスを起こしがちです。災害につながらないよう、ミーティング時に顔色などからお互いに健康状態をチェックしましょう。

　また、自分の体調もチェックし、以下の症状があったら、上司に申告しましょう。

<体調チェックのポイント>
- 頭が痛い
- めまいがする　耳鳴りがする
- 手足にしびれやけいれん、筋肉痛がある
- 腹が痛い、下痢をしている
- 胃痛や吐き気がある
- 動悸や不整脈がある
- せき・くしゃみ・鼻水がある
- だるい・眠い　など

2. 4Sは仕事の基本　安全衛生の基本

　4S とは、整理（Seiri）・整頓（Seiton）・清掃（Seisou）・清潔（Seiketsu）のそれぞれの頭文字の S をとってつけられた職場の安全衛生の基本となる活動です。

　整理とは、いる物といらない物を分け、いらない物を片付けること
　整頓とは、物を定められた場所に使いやすいようにきちんと置くこと
　清掃とは、作業場や機械設備などの汚れやごみを除くこと
　清潔とは、整理・整頓・清掃を徹底して、きれいな状態を維持すること

　安全を確保するために、4Sにしつけ、習慣、しっかり、しつこく、などを加えた「5S」活動の取組みとすることもあります。

◆ 4S ができていない職場は危険がいっぱい

- 床に乱雑に置かれていた材料などの箱につまずき転倒
- 水や油がこぼれたままになっている通路で滑って転倒
- 不規則に積み重ねられた材料の箱が崩れ落ち打撲
- 機械の上に放置されていたカッターで手を切傷

◆ 4S 継続のためのポイント

- 仕事の区切りごとに後片付けをする「ひと仕事・ひと片付け」を実行する。
- 通路、出入り口、階段に物を置かない。
- 重い物や大きい物は下に積み、いつも使う物は取り出しやすい場所に置く。
- 台車、踏み台などは使い終わったら決められた場所に置く。
- 洗い場や調理場付近に油や水がこぼれていたらすぐにふき取る。
- 残菜やごみなどを見つけたらすぐに拾い捨てる。

3. 清潔・安全がキーワード

　食料品を扱う作業者が最も気を配らなければならないことは、「清潔」を保つことです。トイレから出るとき、汚れた物に触ったときは必ず洗剤で手を洗い、消毒しましょう。取り扱う機械設備、作業場所、作業衣や作業者自身を「清潔」に保つことを仕事の一部として実践しましょう。

　また、作業衣などが機械に引っかかったり、巻き込まれるおそれがないか、服装を安全の観点からチェックしましょう。作業前に鏡を見て、作業者同士が向かい合い、お互いの服装・身だしなみをチェックする方法が効果的です。

◆ チェックする項目

- ● 清潔で、決められた服装、帽子、履物、保護具（耐切創手袋、ゴーグルなど）をきちんと身につけているか
- ● つめは短く切ってあるか、手指にけがはないか
- ● 髪を三角巾、帽子などで覆っているか
- ● 腕時計、指輪、ネックレスなどをはずしているか
- ● 作業しやすい靴であるか、靴底のすりへりはないか
- ● 上着や袖口のボタンをかけているか
- ● 上着のすそがズボンなどに入れられているか
- ● タオルなどを首からかけていないか

4. 作業前の前に安全点検

作業場に災害につながる危険がないか、機械設備の安全カバーは正しく取り付けられているか、安全装置は正常に働くか、などを点検してから作業を始めましょう。

点検漏れがないようにチェックリストを使って点検しましょう。

また、機械や安全装置に異常があったら、すぐに上司に申し出て措置をしてもらいましょう。不具合のある用具や工具は修理をするか、新しいものに取り替えます。

◆ 点検の目の付けどころ

- ● 足元、作業する周辺は整理整頓されているか
- ● 機械のコードが通路をまたいでいないか
- ● 製品箱などが通路にはみ出ていないか
- ● 床に油や水がこぼれたままになっていないか
- ● 使用する道具や用具に不具合はないか
- ● ナイフ・包丁に刃こぼれや変形はないか
- ● 取り扱う機械に異常はないか（異音、異臭など）
- ● 機械に安全カバーはついているか

5. 危険予知訓練（KYT）をしよう

　作業にかかる前に、この作業に「どんな危険がひそんでいるか」「どんな対策をするか」を1人で、またはチームで考え、その対策を実践し、さらに作業の要所要所で指差し呼称をして安全を確認する、というプロセスを危険予知活動といいます。

　危険予知活動を進めるには、まず危険に対する感受性を鋭くし、危険に対処する能力を高めるための訓練である「危険予知訓練」（KYT＝危険のK、予知のY、トレーニングのT）を行うことが基本となります。

　KYTは、イラストの作業例を見ながら、次に示す順序で行います。

どんな危険がひそんでいるか

＜状況＞
　あなたは、ベルトコンベヤーから流れてくる荷物を電動ローラーコンベヤーに中継している。

◆ 危険予知訓練の具体例
（用紙に発言内容をメモしていく場合）

第1ラウンド

どんな危険がひそんでいるか

● 作業のイラストを見て考えられる危険
　をどんどん出し合い、発言内容を模造
　紙等に書く。
● 抽象的な表現等は、意見を出し合い、
　わかりやすい表現に修正する。

> ベルトコンベヤーから流れてきた荷がローラーコンベヤーに引っかかりそうになったので、下のほうを持って中継しようとし、荷物とベルトコンベヤーの間に手をは

> 手元に来た荷が右に寄っているので、直そうと体を近づけたとき、ローラーコンベヤーに服が巻き込まれ、体をぶつける。

> ベルトコンベヤーからローラーコンベヤーにのった荷が右に寄ってしまったので、持ち上げて直そうとして、腰を痛める。

第2ラウンド

これが危険のポイントだ

● 重要な危険に○印をつける。
● さらにみんなの合意でしぼり込み、「危
　険のポイント」として◎印をつけ、波
　線のアンダーラインを引く。

> みんなが言うとおり、私も「手元に来た荷が右に寄っているので、直そうと体を近づけたとき、ローラーコンベヤーに服が巻き込まれ、体をぶつける」を危険のポイントとするのが良いと思います。

第3ラウンド

あなたならどうする

● 危険のポイントに
　対する対策をどん
　どん出す。

> 手カギを使い荷を引き寄せる

> ベルトコンベヤーの右側に立ち、荷の位置を直す

> ローラーコンベヤーを止めてから、手元に来た荷の位置を直す

第4ラウンド

私たちはこうする

● 対策をみんなの合意で絞り込み、
　※印をつけ重点実施項目とし、そ
　れを実践するためのチームの行動
　目標を設定する。

> 手元に来た荷の位置を直すときは、ローラーコンベヤーを止めてから行おう ヨシ！

確　認

● 重点実施項目に関
　連して、確認すべ
　きポイントをとらえ
　て、指差し呼称項
　目を設定する。

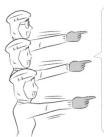

> ローラーコンベヤー停止　ヨシ！

6. 報告・連絡・相談

　仕事を安全にスムーズに進めるために、さまざまな場面で「報告・連絡・相談」が必要になってきます。適切に行えるようにポイントをおさえておきましょう。

◆ 報告のポイント ‥‥‥ 情報を整理して、タイミングよく

- トラブルやミスなど言いにくいことほど早めに報告する。
- 仕事の区切りや、作業が終了した時、進み具合などを迅速に伝える。
- 「‥かもしれない」など推測でなく、事実を確認してから報告する。

よく、報告してくれたね

◆ 連絡のポイント ‥‥‥ 正確に、要領よく

- 漏れや間違いがないように、5W1Hに従って伝える。
- メモにまとめてから連絡する。

◆ 相談のポイント ‥‥‥ ルールとマナーを守ろう

- 相談相手の都合（時間や場所）に配慮する。
- 相談したい内容を紙などに書き整理しておく。
- 相談相手に頼り切らず、自分の考えも表明する。

7. ヒヤリ・ハットを報告しよう

　作業中、もう少しでやけどをするところだった、通路に落ちていた食材を踏んでしまい転ぶところだった、など事故には至らなかったもののヒヤリとしたり、ハッとしたような経験は多くの人が持っているはずです。

　自分の失敗につながるような経験はほかの人には言いにくいものですが、ヒヤリ・ハット体験は災害を防ぐための貴重な情報です。ぜひこのような情報を共有して安全対策に役立てましょう。

◆ ヒヤリ・ハットを活かすために

● ヒヤリ・ハット体験はそのつど忘れないようにメモをしておこう。

● ミーティングでヒヤリ・ハット体験を出し合い、職場の仲間に注意を呼びかけよう。

● ヒヤリ・ハット体験情報に基づいて対策を考え、確実に実施しよう。

安全作業の基本

1. 作業手順を守ろう

　機械を止めずに清掃をしたため、回転部分に指をはさまれた、歯車の調整を機械の電源を切らずに行ったため、駆動部に作業衣が巻き込まれたなど、不安全行動が原因の災害が数多く起きています。

　それぞれの作業ごとにそのやり方・順序と安全で効率のよい方法を定めたものが「作業手順書」です。日常行う作業ばかりでなく、機械の故障など異常時に行う作業や、清掃、機械の保守点検作業など非定常作業についても作業手順書を作成しておきましょう。

　災害防止のために、作業手順を守って作業を行いましょう。

◆ 作業手順は作業のルール

- 作業手順は、過去の災害に学ぶとともに、さまざまな関係法令の内容を踏まえて定められています。作業手順どおりに作業を行えるように習熟することが大切です。
- 「面倒だ」「自分のやり方のほうがやりやすい」などの理由で、作業手順を勝手に変えてはいけません。
- より効率的に作業ができる、仕事のやり方に新たな工夫があれば、改善の提案をしましょう。

作業手順書

●ニーダー作業

No.	手順	急所	急所の理由
1	機械を点検する（異常があれば上司に連絡）	電源不良・異音等がないか注意して	安全衛生
2	材料を投入する	缶体を傾動して	やりやすさ
3	かくはんする	缶体を戻してスイッチ両手押しで	安全衛生（巻き込まれ防止）
4 ⋮			

2. 安全装置・防護設備を無効にしない

　機械の回転する部分や材料を切断する部分など、機械の危険な箇所には、手やからだの一部が接触したり、入ったりしないように、カバーやガードなどの防護設備や、光線式安全装置・両手押しボタンスイッチなどの安全装置が設置されていなくてはなりません。また、必要な排気装置・換気装置が常に有効に稼働するよう、位置や周囲の状況にも注意しましょう。

　作業がやりにくいからという理由で、安全装置や防護設備を外して作業を行ったために災害が起きた事例が数多くあります。

　安全装置や防護設備を無効にしてはいけないことを肝に銘じましょう。

◆ 安全装置や防護設備は常に有効に

- カバーなどを勝手に取り外したり、位置を変えない。必要な場合は、あらかじめ上司に報告し、許可を受ける。
- 修理・清掃などで安全装置を取り外したら、速やかに元に戻しておく。
- 必要な局所排気装置は必ず稼働させる。
- 局所排気装置の吸い込み口の位置や形は無断で変えない。
- 全体換気装置の給・排気口周辺に物を置かない。

◆ 用具・保護具

　危険のおそれがあるときは、上司の指示に従い、用具や保護具を使用しましょう。

- 切断機・切削機……押し板、取り出し器具、耐切創手袋など
- 粉砕機等からの取り出し……トレイ、ヒシャクなど
- 粉砕機等への転落防止……墜落制止用器具等

3. 安全な運搬

　物の移動や運搬は簡単な作業に見えますが、腰を痛めたり、荷を落としてけがをしないように十分に注意をしましょう。

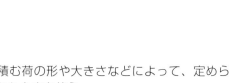

● **重い物を運ぶとき**
　── 持ち上げるときは足を肩幅くらいに開き、十分に腰を落とし、体を物に近づけて背筋を伸ばした姿勢で持ち上げる。
　　また、荷の大きさ、重量に応じて、できるだけ台車やフォークリフト、ホイストクレーンなどを使用する。

● **抱えて運ぶとき**
　── 小物は袋に入れるか容器に入れるなどして、小分けにする（前が見えるようにして運ぶ）。

● **担いで運ぶとき**
　── 頭上が見えにくく、体を自由に曲げられないので、運搬する経路やその上方に障害物がないか、あらかじめ調べておく。

● **共同で運ぶとき**
　── 作業前に作業手順、合図の方法を決めておく。

◆ 台車の安全な使い方

● 積む荷の形や大きさなどによって、定められた台車を使う。
● 前が見えない高さに積まない。
● 形が不ぞろいの物は箱詰めにしたり、ロープがけなどをする。
● 曲がり角ではいったん停止し、左右の安全を確認する。
● 食料品製造工場の床面は水平でないことが多いので、ストッパー付きの台車が望ましい。

4. トラブルが起きたら絶対に不用意に手を出さない

加工する原料などが機械に引っかかったり、詰まったりすることがあります。また、機械の動きが不調になることもあります。こんなときに、ローラーなど動いている部分に触ったりするとはさまれたり、巻き込まれたりする危険があります。絶対に不用意に手を出さないようにしましょう。

トラブルが起こったら、まず機械を停止させ、上司に連絡しましょう。

◆ トラブル処理の前にまず安全確認

① 非常停止ボタンなどで機械を停止させる。
　（機械の調整をしたり、異物を取り除くときは、必ず機械を止める。機械によって、スイッチを切ってもしばらく惰性で動いていたり、回転していたりする場合があるので、完全に停止しているかどうか確認する。）

② トラブル処理を行う前に、まず「修理中 スイッチ入れるな」などとはっきり表示をする。

③ 決められた方法で処置をする。

④ 安全カバーや安全囲いなどの安全装置を取り外す必要がある場合は必ず上司の許可を受ける。

非常停止ボタンなどで機械を停止
↓
「修理中 スイッチ入れるな」などの表示

5. メンタルヘルスケアを進めよう

　仕事や職業生活に関することで強い不安や悩み、ストレスを感じている労働者の割合は、令和3年は53.3%であり、依然として半数を超えています（厚生労働省「労働安全衛生調査（実態調査）」（令和3年））。

　こうした問題に対応する心の健康を守る取組みを「メンタルヘルスケア」といいます。メンタルヘルスケアは、管理監督者（みなさんの上司）、産業保健スタッフ（産業医・保健師）、事業場の外部の専門家がそれぞれの役割をもち、一体となって進めていきます。

　みなさんにも自分の心の健康を自分で守る「セルフケア」が求められています。セルフケアは、まず自分のストレスに気づくことからはじまります。そのために、会社で行うストレスチェックは必ず受けましょう。そして、結果を見て気になることがあれば、産業医や上司に相談しましょう。

　ストレスが大きくなると、次の症状となって表れることがあります。

　　からだ：首や肩のこり、下痢、便秘、不眠、胃・十二指腸潰瘍など
　　こころ：意欲の低下、イライラ、不安など
　　行　動：作業能率の低下、作業場での事故、アルコール依存、過食・
　　　　　　拒食など

　ストレスをため込まないように、趣味を充実させたり、マイペースでできるスポーツや親しい人との交流など、自分に合ったリラックス法を見つけて実践しましょう。

6. 生活習慣病を予防しよう

　高血圧、虚血性心疾患、肝疾患、糖尿病などのいわゆる生活習慣病は、食生活、運動習慣、飲酒、喫煙などが密接に関係しています。また、内臓脂肪型肥満があり、かつ高脂質、高血圧、高血糖のうち2つ以上が有所見の状態であるメタボリックシンドロームが大きくかかわっています。生活習慣を改善して肥満を防ぎ、ストレスのない健康な毎日を送りましょう。

◆ 食生活を見直そう

- 炭水化物、たんぱく質、脂肪、ビタミン・ミネラル、食物繊維などをバランスよくとりましょう。
- 外食では魚、肉類などの主菜のほかに野菜が中心の副菜が入っている定食を選ぶようにしましょう。
- 仕事の強度に応じて食事のカロリーを調節しましょう。

◆ 運動で内臓脂肪を減らそう

- ウォーキング、ジョギング、水泳、サイクリングなど体内でたくさんの酸素を使う有酸素運動で脂肪を燃焼させましょう。
- 階段の利用や、仕事の休憩時間に簡単筋力アップ（スクワットや、椅子に座ったままできる腹筋や脚の運動など）を実行しましょう。

◆ 十分な睡眠をとり、上手にストレスを解消しよう

- 寝る前にストレッチをしたり、ぬるめの湯につかり良質な睡眠をとりましょう。
- 趣味、旅行、おしゃべりなど自分にあった方法でストレスをためないようにしましょう。

リスクアセスメントで安全衛生を進めよう

　労働安全衛生法で、働く人の安全と健康の確保をよりいっそう進めるために、「危険性又は有害性等の調査（リスクアセスメント）」を行うよう定めています。リスクとは「危険」、アセスメントとは「評価」の意味です。

　リスクアセスメントは、職場にあるさまざまな危険性または有害性（ハザード）を特定し、そのハザードから労働災害につながる可能性と被災した場合の被災の程度を見積もり、評価するものです。評価結果に基づき、リスクの低減措置を検討し実施していきます。

　起きてしまった災害の再発防止に取り組む「後追い型の安全」に対し、リスクアセスメントは人に及ぼす危険を事前に評価して危険を低減する「先取り型の安全」といえます。

　リスクアセスメントは次のステップで進めます。

◆ ステップ１－ハザードの特定

　職場や作業を念入りに調べて、災害の原因となるハザードを洗い出すステップです。

　災害事例やヒヤリ・ハット体験を参考にして、災害のおそれがあると思われることはできるだけ取り上げ、リスクアセスメントの対象とします。

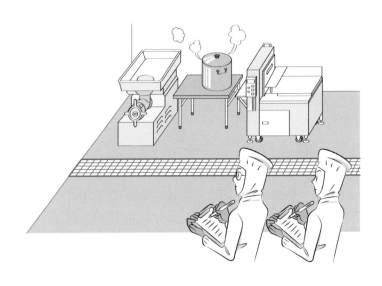

◆ ステップ2-リスクの見積り

　ステップ1で特定したそれぞれのハザードについて、「リスクの見積り」を行い、リスク低減措置を講ずる優先度を決定します。

　リスクの見積りとは、そのリスクがどれくらいの大きさかを見積もることです。ここでは一例として、A、B、Cの3つの観点から考えて点数化し、各点数を足し合せたもの（リスクポイント）からリスクレベルを決定する方法を紹介します。

A　危険状態が生じる頻度

頻繁（1日に1回程度）	4点
時々（週に1回程度）	2点
滅多にない（半年に1回程度）	1点

B　危険状態が生じたときに災害に至る可能性

確実である	6点
可能性が高い	4点
可能性がある	2点
ほとんどない	1点

C　災害の重大性

致命傷（死亡や永久労働不能、障害が残る負傷等）	10点
重傷（休業災害（完治可能な負傷等））	6点
軽傷（不休災害）	3点
微傷（手当て後直ちに元の作業に戻れる微小な負傷等）	1点

Aの点数＋Bの点数＋Cの点数　＝　リスクポイント → リスクレベル

●リスクポイントによってリスクレベルが決まり、優先度が決定します。

リスクポイント13～20点【リスクレベルⅣ】　重大な問題がある
　リスク低減措置を直ちに行う。措置を行うまで原則として作業を停止する。

リスクポイント9～12点【リスクレベルⅢ】　問題がある
　リスク低減措置を速やかに行う。措置を行うまで作業を停止するのが望ましい。

リスクポイント6～8点【リスクレベルⅡ】　多少の問題がある
　リスク低減措置を計画的に行う。措置の実施まで適切に管理する。

リスクポイント3～5点【リスクレベルⅠ】　問題はほとんどない
　必要に応じてリスク低減措置を行う。

◆ ステップ3-リスク低減措置の検討

　リスク見積りの結果、優先度の高いリスクから、次のようなリスク低減措置の優先順位に基づき検討し、措置案を決定します。

0	法令に定められた事項の確実な実施（該当事項がある場合）
1	本質的対策（危険な作業の廃止・変更、危険性または有害性のより低い材料への代替等）
2	工学的対策（ガード、インターロック、安全装置、局所排気装置の設置等）
3	管理的対策（マニュアルの整備、立入禁止措置、ばく露管理、教育訓練等）
4	個人用保護具の使用

高　リスク低減措置の優先順位　低

◆ ステップ4-リスク低減措置の実施

　リスクレベルの高い順から、優先して対策を進めます。

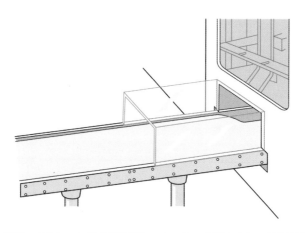

※　なお、職場で使用している化学物質についても、必要に応じ、管理者や担当者を配置し、リスクアセスメントを実施しなければなりません。